图说电力常识系列画册

图说 农村安全用电常识

本书编写组 组编 王瑞龙 绘图

（口袋书）

中国电力出版社
CHINA ELECTRIC POWER PRESS

图书在版编目 (CIP) 数据

图说农村安全用电常识口袋书 /《图说农村安全用电常识口袋书》编写组组编；王瑞龙绘 . —北京：中国电力出版社，2015.4（2017.6重印）

（图说电力常识系列画册）

ISBN 978-7-5123-7483-6

Ⅰ. ①图… Ⅱ. ①图… ②王… Ⅲ. ①农村 - 安全用电 - 图解 Ⅳ. ① TM92-64

中国版本图书馆 CIP 数据核字 (2015) 第 063362 号

中国电力出版社出版、发行

（北京市东城区北京站西街 19 号 100005 http://www.cepp.sgcc.com.cn）

北京九天众诚印刷有限公司印刷

各地新华书店经售

*

2015 年 4 月第一版 2017 年 6 月北京第四次印刷

787 毫米 ×1092 毫米 64 开本 1.625 印张 52 千字

印数 8501—10500 册 定价 **12.00** 元

内容提要

本漫画手册采用易懂易读易记的"歌诀"的形式，配以生动形象的漫画、简单明了的说明，旨在让读者更好地了解和掌握用电常识。朗朗上口的"歌诀"，满足易懂易读易记的要求；生动形象的漫画，便于更快更好地理解和消化关键知识点；简单明了的说明，切实能解决农村安全用电中的问题。主要内容包括：用电服务；农村生活安全用电；农业生产安全用电；触电处置；和谐用电；事故案例。

本漫画手册能帮助农民了解在日常生活生产中的安全用电常识，做到清清楚楚、明明白白，真正实现电让生活更美好。本书可作为开展"安全月活动"、"三下乡活动"、"科普日活动"的宣传用书。

前　言

　　在 21 世纪的今天，作为一种方便传输、清洁高效的二次能源，电能的使用已经渗透到社会经济的各行各业，被喻为"工业血液"的电能，与人们的生活也息息相关，电为人类提供了极大的便利。

　　电造福人类的同时，也存在着诸多安全隐患，生活中因用电不当而造成灾难的用电事故比比皆是；另外，对用电常识了解不多，也给广大百姓日常生活带来了诸多不便。因此，提高安全用电、科学用电、合理用电意识，有效地避免用电事故的发生，我们策划编写了本系列画册。

为了取得好的宣传效果，切实起到警示教育作用，编者深入基层，广泛收集素材和案例，分类编辑整理、配图，希望广大群众通过生动形象的漫画和歌诀了解生活中的用电常识，通过血淋淋的事故案例提高安全意识。本系列漫画手册主要包括：图说用电常识、图说电力设施保护常识、图说农村安全用电常识、图说农村家用漏电保护器常识、图说消防安全常识。

希望通过本系列画册，使不同文化水平的人，在看了漫画手册后，都能了解在日常生活用电中，哪些能做，哪些不能做，应该注意哪些事项，做到对安全用电、科学用电、节约用电的各项要求清清楚楚、明明白白，真正实现电让生活更美好。

信阳供电公司王瑞龙为本系列画册绘制了生动的漫画，本书编审过程中得到了多家供电公司的帮助，在此一并表示感谢。

由于时间仓促和水平有限，书中的不足或不妥之处在所难免，欢迎广大读者多提宝贵意见，帮助我们及时修改和完善。

编　者

图说农村安全用电常识

目　录

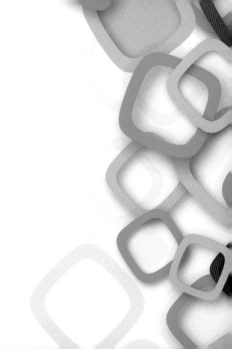

一、用电服务

农村建设步伐快
户户通电光明来

"新农村 新电力 新服务"战略稳步推进，"户户通电"工程照亮千家万户，全面服务社会主义新农村建设。

用电之前先申请 办理就到营业厅

用电前要先到农村供电所营业厅申请。农村供电所对电力用户要做到"三公开"、"四到户"、"五统一"。

爹，来这干吗？

呵呵，咱们用电当然要先到供电所来申请呀！

三公开

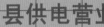

国家电网
STATE GRID

县供电营业

用电申请

二、农村生活安全用电

临时用电要规范
私拉乱接出危险

　　禁止使用挂钩线、破股线、地爬线。临时用电要规范，严禁私拉乱接，临时用电期间用户应设专人看管临时用电设施，用完及时拆除。

私拉乱接

树上装灯绑电线
树摇线断有危险

　　不能在树干上安装电灯及其他电器，不能在树枝上走线。大树摇动容易发生断线。

入室电线窗缝过 挤破漏电惹大祸

接户线、进户线应该按照技术要求来安装敷设,入室线应穿绝缘套管。电线不能从门窗缝中穿过,容易被挤破产生漏电。

通信广播电力线分开敷设才安全

电话线、广播线、天线等弱电线路不要与电力线路安装在一起，以免强电窜到弱电线路上发生触电事故。

灯泡干手站凳换 切勿触碰金属圈

换灯泡时，要先断电，站在干燥木凳等绝缘物上用干手更换，灯头灯泡的金属圈部分切勿触碰。

插头插座要接严 接线板来莫多连

插头插座结合要紧密，因为松动不仅多耗电，长此以往还会损坏电器。大功率电器不能共用一个接线板，否则容易过载烧坏接线板。

插头插座

线与插头一起拔
拽拔电线危险大

不要随手拽线拔插头，导线与插头要一起拔，电线老化绝缘皮破损时可能因拽线导致触电。

拔插头的时候不要拽线，有异常情况的时候要注意导线的绝缘是否已经破损。

拔插头

破旧插座老电线
断裂老化要包严

破旧插座、老房子里的老电线，断裂老化易漏电，易发生短路危险，应包裹严。

妈妈，看，火花！

老电线

线头要裹绝缘胶
医用胶布不可靠

线头要用绝缘胶包裹严，包缠线路接头要用专用绝缘胶布，不能用医用胶布代替。

家庭用电装漏保
预防触电不可少

家庭电路和用电设备出现破损、老化、受潮等现象将导致漏电发生，可能会造成人身触电伤亡事故，只有安装和使用漏电保护器，才能保证人身安全不受伤害。

漏电保护器

安全第一

呵呵当然了，插座线和照明线是分开布的，这样才安全呀！

布线怎么还用两根管子？

室内布线

室内布线要穿管 直接埋线留隐患

家庭装修应找电工布线。插座线、照明线最好分开走。电线穿管埋设不仅安全，而且便于检修、更换。

家庭装修选导线 载流依据负荷算

家庭装修室内导线要根据负荷大小来测算载流量，选择合适截面积的导线。不可图省钱使用旧电线。

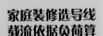

装修选线

外面在施工，拆了好多电线和开关，这下我们装修可省大了。

爹，老化线和旧开关咱可不敢啊，不安全！

手电钻、冲击钻
确保绝缘才安全

使用手电钻、冲击钻时，必须戴绝缘手套、穿绝缘鞋或站在绝缘板上，确保人身安全。

购买电器要正规
贪图便宜吃大亏

购买家用电器，要选择正规厂家的合格产品，不要贪图一时便宜，买假冒伪劣商品留下隐患。

家电购买

你妻子触电的祸首就是这台热水器！

呜~~呜！我好后悔啊！

家用电器出故障
切勿带电乱拆装

遇到家用电器出现故障，不要自己带电拆卸，应找专业电工帮忙。不可湿手乱摸乱碰运行中的家用电器。

金属壳体要接地
拔掉插头再搬移

家用电器的金属壳体要有专用接地保护。移动家用电器前，应先拔掉电源插头，待电器停止运行后再移动。

拔掉电源再搬！

家电安装

天线远离电力线距离至少三米半

　　架设电视天线要远离电力线，天线与电力线之间至少要相隔3.5米。

防潮防水需注意
湿手不要摸电器

家用电器要注意防受潮和浸水，以免损坏绝缘出问题。湿手不要摸电器，不要用湿抹布擦拭运行中的电气设备。

家电使用

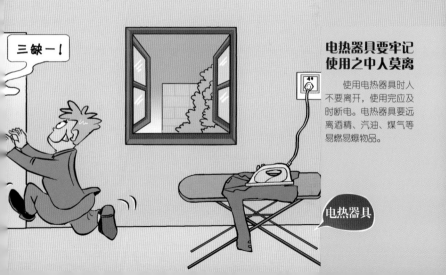

电热器具要牢记
使用之中人莫离

使用电热器具时人不要离开，使用完应及时断电。电热器具要远离酒精、汽油、煤气等易燃易爆物品。

雷电天气易连电 关闭电器拔电源

遭遇强雷雨天气，雷电可以通过电线、天线、电话线传导而使电器受损，所以雷雨天应该将电器插头拔出，确保安全。

哎呀，打雷了快把插头拔掉

室内防雷

风雨交加雷电闪 电杆大树要避远

越高的物体，越容易被雷击中，因此雷雨时应远离大树和电线杆。打雷下雨刮大风，电线被吹到一起，易发生事故，应远离。

倒杆断线别靠前
八米以外才安全

发现电线断线，不要靠近，应与断线落点保持至少8米距离，并看守现场，及时打电话报告。

家用电器冒了烟
干燥沙子火上掩

发现电器失火，要先断开电源，并用干燥的沙子或专用灭火器灭火。切勿用水直接浇，因为水导电，容易引起触电。

电气火灾

晾晒铁丝和电线保持距离莫搭连

不能用电线来晾晒衣服。低压电力线与晾衣绳要保持 1.25 米以上的距离，注意千万不要搭连。

演戏放映赶大集
远离电线变压器

演戏、放电影和集会等活动要避开架空电力线路和其他电气设备，以防出现意外触电伤人事故。

教育儿童懂安全 攀登变台有危险

不要攀爬电杆和变压器台，容易触电。不能摇晃拉线，拉线损坏，可能引发事故。

掏鸟窝

摇晃拉线、攀爬变台都是十分危险的，容易触电，要教育孩子不能贪玩。

小朋友，别淘气
落线小鸟不可击

在高压线附近打鸟、向电线投掷石子等行为都可能损坏电力线路，甚至会导致触电事故的发生。

高压线下别垂钓
容易触电危险高

不准在高压电力线路附近钓鱼。鱼杆（线）碰到电力线会导致线路短路，还可能发生触电事故。

钓鱼

私设电网来捕鱼
造成事故悔不及

私自设电网防盗和捕鼠、狩猎、捕鱼是违法行为，容易危及人身安全，应严令禁止。

风筝随风漫天舞
谨防碰线出事故

禁止在架空电力线路导线两侧各 300 米的区域内放风筝，容易碰线出事故。

小朋友，不要在这里放风筝，快离开！

放风筝

盗窃塔材挣黑钱
依照刑法严查办

盗窃电力设施、器材会影响供电安全，发生触电事故，危及生命安全。对盗窃者要进行法律制裁，依照刑法有关规定追究刑事责任。

盗塔材

私自收购电器材违法行为要制裁

不得私自收购电力设施和器材。对破坏电力设施或哄抢、盗窃电力设施器材的行为检举、揭发有功者，电力管理部门将给予表彰或一次性物质奖励。

三、农业生产安全用电

农用机具莫忘记金属外壳要接地

定期对农机具进行检查和保养，保证机械的金属外壳有可靠的接地装置，作业时确保设备可靠接地。

机具接地

农用机具要移动
断开电源再施工

移动和维修农用电动设备时要先断开电源。

电力设施保护牌
严禁拆移莫损坏

不得拆卸杆塔或拉线上的器材；不得移动、损坏永久性标志或标志牌；不得涂改、移动、损坏、拔除电力设施建设的测量标桩和标记。

电力标识

电杆旁边莫取土
拉线下方别修路

不准在电杆旁边取土；不准在杆塔内或杆塔与拉线之间修筑道路。

取土

电力设施要保护 线下不建建筑物

在电力设施周围应设置保护区，保护区内不得兴建建筑物、构筑物等。

盖房起吊预制件
电工监督防碰线

在电力线附近立井架、盖房，应请电工监督，防止碰撞架空线。

谨防线路受损伤
不得烧窑和烧荒

在架空电力线路保护区内，不得烧窑、烧荒。

作物攀附杆拉线 树藤碰线很危险

在架空电力线路保护区内，不得种植可能危及电力设施安全的植物。保护区内可能危及电力设施安全的树木、竹子，应依法予以修剪或砍伐。

电力线旁莫栽树
树枝碰线出事故

在架空电力线路保护区内不要栽树,小树长高后,树枝碰线易发生事故。

线路旁边伐树木
安全距离要留足

在电力线附近砍伐树木时，必须经电力部门同意，并采取有效的防护措施。

牲口拴在电杆上
杆倒线断人受伤

不准在电杆上拴牲口，田间耕作应远离电杆和拉线。

拴牲口

电线下面莫堆草
引起火灾不得了

在架空电力线路保护区内，不得堆放谷物、草料、垃圾、矿渣、易燃物、易爆物。

电力线路
保持安全距离

堆草

行船遇见跨河线
放下桅杆保平安

船只通过跨河电力线时应及早放下桅杆。运输、移栽树木时应将树木平放，避免碰触跨越道路的电力线。

行船

电力线下欲扬鞭
注意空中高压线

在电力线下赶马车时，要注意避免碰触空中的高压线。

扬鞭

开山放炮想挣钱
注意附近高压线

　　禁止在电力杆塔周围进行爆破作业，以防损坏电力设施。

放炮

电力电缆很特别
保护区内不作业

地下电缆、水底电缆敷设后，应设立永久性标志。不得在海底、江河电缆保护区内抛锚、拖锚，炸鱼、挖沙。

挖掘

电力电缆

四、触电处置

发现有人触了电 立即断开电源线

发现有人触电，应立即切断电源，可以用干燥的木棒、竹竿等绝缘工具将电线从触电者身上挑开，同时尽快与医疗部门取得联系。

脱离电源

休外心脏急按压
人工呼吸莫停下

当伤员脱离电源后，应先检查呼吸、心跳，如发现心跳停止，应立即做人工呼吸和胸外心脏按压，在医务人员到达之前坚持抢救。

心肺复苏

一旦初步判定触电伤员无意识，应立即用空心拳叩击触电伤员心前区1~2次。同时大声呼救。

触电赔偿依法办
事故责任看产权

电力用户在生产、生活中一旦发生触电，应按供电设施产权归属确定法律责任，产权属于谁，谁就承担其拥有的供电设施上发生事故引起的法律责任。

触电赔偿

五、和谐用电

电磁辐射标准严
农户健康心莫担

因为电磁辐射本质是以电磁波形式传递电磁能量的电磁现象。据国际"电磁兼容"标准显示，9000赫兹以下的设备因频率太低，基本不会发射电磁波。

输电线路的铁塔是周围房屋的"保护伞"。

输电线路引流好 防雷措施很牢靠

由于输电线路的铁塔塔身较高，又在整条线路设有专用接地线，起到防雷作用。因此输电线路不仅不会给临近的房屋引来雷击，反而会在一定程度上形成"保护伞"。

线路引雷

电建征地需协商 依法足额给补偿

电力建设需要损害农作物，砍伐树木、竹子，或拆迁建筑物及其他设施的，应按照规定给予补偿。

电力施工勿阻碍
扰乱秩序不应该

不得阻碍电力建设或者电力设施抢修，致使不能正常工作。不得扰乱电力生产企业、变电站、电力调度机构和供电企业的秩序，致使生产、工作和营业不能正常进行。

六、事故案例

线落人拾惨剧酿
老汉倒在杆塔旁

　　赵庄李老汉在稻田边行走时，看到田埂上有一根电线，一头落在地上，一头挂在电线杆上，便好奇地上前用手捡电线，当即触电，经抢救无效死亡。

线落人拾

超载用电火灾起
无知用电终害己

某日，村民老徐家突然着起了大火，家里四间房全部都被烧光，老徐后悔不已。火灾的起因是由于一间卧室插线板超负荷起火后，火苗点燃床单和家具引发的。

漏电旧线索命来
未装保护悔不该

村民老严带着侄子小亮装修新房。打电钻时，因临时电源线绝缘层破损漏电，又没装有漏电保护器，小亮不幸触电死亡。

漏电旧线索命来

小亮，去帮我把线挂上！

漏电旧线

临时用电惹祸端
田间耕作惨剧现

　　郭某与儿子下田间耕作，郭某不小心碰到了村民王某头天夜里看守西瓜地弄的一线一地照明线，造成触电。

临时用电

私拉乱接命不保
电气安全脑后抛

小张和小李用电焊机维修拖拉机，由于没有电源，小张自行到电线杆去接挂钩线，双方互不通气，又无开关控制，杆上线接好后，电已通到电焊机上，小李手握扳手正接线时触电，当场死亡。

去帮我把线挂上！

好咧！

私拉乱接

私拉乱接命不

伪劣家电患无穷

伪劣家电患无穷
由来只因省费用

　　某日洗衣服，小李把洗衣机插头插到插座上时，突然被一股强大的电流击中，触电身亡。经查他在集市小贩那买的插座是个典型的"三无"产品。

伪劣家电

电线晾衣隐患埋
无知终把自己害

某日，王大姐在晾衣时意外触电身亡，原来电线的绝缘层已老化破损。

电线晾衣

电线晾衣隐患埋

在电线上晒挂衣服容易引发触电，晒衣服的铁丝和电线要保持足够距离，不要缠绕在一起。

轰隆

树枝碰线牛遭击
电线树枝贴一起

村里的大槐树树枝长得超过了电线的高度，几根电线从树枝间穿过，电线与树枝贴在了一起。雨天电线被树枝碰到后放电，将村民李某家拴在树上的黄牛击倒。

树枝碰线

树枝碰线牛遭击

线下看戏生意外
电线断因风袭来

某县的一个村在夏季放电影，银幕挂在村内低压线路的两根电杆上。一阵大风刮来，将年久失修的带电导线刮断，搭在了电杆附近看电影的村民身上，造成触电。

线下看戏生意外

呀，起风了！

线下看戏

攀爬电杆人致残

攀爬电杆人致残
顽童无知母心寒

七岁的儿童亮亮同母亲一起到田里除草，因好奇爬上400V电线杆上掏鸟窝，结果被电击，从电杆上跌落下来，双手残废。

攀爬电线杆

变台玩耍飞横祸
出于好奇掏鸟窝

一初中生，看到变台上有鸟窝，便爬到变台上去掏鸟窝，没有顾及禁止攀爬的标志牌，爬到上面便触电摔下来，双腿残废。

变台玩耍飞横祸

禁止攀登

爬变台

射鸟线断人归天
闯祸责任要承担

暑假，上初二的小明把爸爸的气枪偷出来，瞄准站在电线上的麻雀射击，结果射断了电线，恰巧电线落到路过的小伙子身上，使其当场触电死亡。

射鸟线断人归天

乱射击

风筝挂线乱主张
竹竿去挑触电伤

小赵和工友去放风筝，由于风大，风筝挂到了不远处的高压线上，他试图用竹竿将风筝挑下来，突然感觉身上一麻，大喊了一声后，就昏迷过去。

钓鱼触电人归天
高压电线要避远

　　某村李老汉无视"高压危险，禁止钓鱼"标识牌，在塘口钓鱼抛竿时，不慎碰触到高压线上，遭电击身亡。

钓鱼

燃放鞭炮致停电
一声巨响线冒烟

春节到了，两名小孩由于不知道在电力线路附近放鞭炮的危害，便将二踢脚放在杆塔的角铁上燃放，随着一声巨响，电线被炸断，引发停电，其中一名小孩触电。

燃放鞭炮致停电

电线旁放鞭炮

**雷雨树下恐被劈
惨痛教训要牢记**

　　雷雨时，村民小赵站在大树下避雨，在一道突如其来的闪电过后，小赵倒地没了呼吸，被送医院后不治身亡。

天线引雷要人命
飞来横祸不单行

某雷雨天，强大的雷电流击中了老何家 8m 高的天线。因天线未采取防雷措施，雷电流沿天线连线入侵室内，老何身穿湿衣立于门侧，碰到了天线连线，身体连通雷电流成了泄流通道，当场触电身亡。

室外电视天线防雷要做到以下三点：一是首先将天线接地；二是安装天线馈线避雷器；三是雷雨天气发生之时最好不要打开电视机等家用电器，同时应将电源线、闭路电视线等的插头拔掉。

天线引雷

冒牌电工把人害
修理水泵随意改

　　小朱帮邻居修理潜水泵时，把有接地线的三相插头改为没有接地线的两相插头。某日邻居在用潜水泵时，由于没有接地保护，被漏电击中身亡。

修理水泵

未装保护命归西 春耕排灌事故急

在春灌期间，村民老李在使用小型潜水泵抽水时触电死亡。后经查明，该水泵已经老化，外壳漏电，加之未按要求装设漏电保护器，导致触电。

春耕排灌

未装保护命归西

在排灌季节，每套用电设备必须安装剩余电流动作保护器，并安装在线路首端。确保各级保护器安装率和正确动作率达到100%。

带电移机把命丧
稻田地里悲剧酿

某村一名电工看见浇稻地里正运转的农排泵不上水，就准备到水渠里去掏农排泵进水管处的杂物。当他两手抱起带电的进水管时，被电倒在水里。

带电移机

违章捕鱼奔黄泉
只缘竹竿绑导线

　　某日，村民小林找来根导线，一端挑挂在附近的低压线路上，另一端绑在竹竿上，直接插入水中。捕鱼时小林不小心滑入了水塘，触电身亡。

违章捕鱼

违章捕鱼奔黄泉

拴牛倒杆致停电

拴牛倒杆致停电
贪图省事出危险

农户小刘把奶牛拴在了台区安装配电变压器电杆的接地体上，由于奶牛左右摇晃接地体，引发倒杆、断线的停电事故。

拴牛倒杆

线下建房楼顶走
误碰电线把命丢

某村委会要在自己的 10 千伏的高压线下建新的办公楼。某日施工队的小陈在顶楼检查现浇楼板时，不小心碰到了 10 千伏线路的路边导线，当场触电身亡。

线下建房把命丢

村长，咱们这办公楼离高压线太近了吧？

嗨，没事！

线下建房

吊车碰线人致残

吊车碰线人致残
喜事惨事接连办

老郑家正喜气洋洋地盖着新房，因吊车驾驶员操作失误，吊车碰到附近的 10 千伏线路，老郑站在吊车附近，被放电烧伤，经医院救治，左臂截肢。

吊车碰线

线下栽树种苦果
出了大事才知错

赵大爷在自家院墙外栽了一排苹果树。小树逐渐长大，距离上方的高压电线也越来越近，村里的电工几次来劝说赵大爷砍掉树苗，他就是不同意。第二年，一场大风刮倒了三棵树，砸断了高压线，赵大爷出门碰到断线触电。

线下栽树

线下栽树种苦果

线下堆麦本不该
小孩抽烟火灾来

某村村民王五把自家的麦垛堆到村口电力线下的一片空地。一个小孩抽烟，不小心点燃了麦垛，麦垛上的电线绝缘很快被烧得残破不全，好在此线路是进户线，电压等级不太高，没有引起重大事故。

线下堆麦

线下堆麦火灾来

载麦超高线起火
影响夏忙喜收获

　　某村用汽车拉麦秆，由于所装麦秆超高，刮上带电的架空线路，引起两相搭连短路冒火，火星落在晒干的麦捆上，立即起火。

载麦超高线起火

载麦超高

违章搭建患无穷

养鸡场

线下养鸡

违章搭建患无穷
线下养鸡火势凶

某肉鸡养殖场违章占用了高压线铁塔下面的高压走廊，不小心起火，不仅使养殖场刚刚购进的一万余只种鸡在瞬间化为乌有，而且使鸡舍上方的10千伏线路点燃，造成停电。当地公安机关已对该养殖场的经营者进行了传讯。

取土倒杆触电亡
老刘惹祸自己扛

老刘盖鸡架就近从村口的电杆下取土，下雨后，一场大风刮倒了电杆，8岁的孙子出门碰到断线，不幸触电身亡。

伐树压线事故发
无辜儿子倒在家

有一农户想放倒自己家门前的一棵高 15 米的大树，放树过程中也不控制树倒的方向，当树被锯倒时砸断附近的 10 千伏带电导线，断落电线搭在了刚从家里走出的儿子身上。

伐树压线

伐树压线事故发

耕地撞线灾祸起
拉线绊住拖拉机

某乡的农户驾驶拖拉机耕地时误将地里的10千伏电杆拉线撞出，电杆发生倾斜，断线引燃了地里的玉米棒子杆。该乡副乡长接到电话出来指挥救火时，误碰断线触电。